Sách nấu ăn bằng cốc vi sóng nhanh chóng và dễ dàng

AF743035

Khám phá Bộ sưu tập cơ bản gồm hơn 100 công thức nấu ăn ngon và bổ dưỡng để chế biến trong cốc vi sóng của bạn, hoàn hảo cho những người bận rộn khi di chuyển!

Khuê Cao

MỤC LỤC

GIỚI THIỆU

Bạn luôn phải di chuyển và chật vật tìm thời gian để nấu một bữa ăn thích hợp? Hoặc có thể bạn sống trong một căn phòng ký túc xá hoặc căn hộ nhỏ mà không có nhà bếp đầy đủ tiện nghi? Nếu vậy thì cuốn sách nấu ăn này là dành cho bạn! Giới thiệu Sách nấu ăn bằng cốc vi sóng, với hơn 50 bữa ăn ngon và dễ làm, có thể nấu chỉ trong vài phút bằng cốc đơn giản và lò vi sóng. Cho dù bạn đang thèm một bữa sáng nóng hổi, một bữa trưa nhanh hay một bữa tối thỏa mãn, cuốn sách nấu ăn này đều có thể giúp bạn. Hãy tạm biệt những bữa ăn nhàm chán, không lành mạnh và chào đón những lựa chọn nhanh chóng, ngon miệng và bổ dưỡng mà bạn có thể thực hiện trong lúc khẩn cấp.

Trong cuốn sách nấu ăn này, bạn sẽ tìm thấy công thức nấu ăn cho mọi thứ, từ bánh mì kẹp ăn sáng và trứng tráng cho đến các món súp, món hầm và mì ống. Với Sách dạy nấu ăn bằng cốc vi sóng, bạn sẽ có thể nấu nhiều bữa ăn ngon khác nhau chỉ bằng một chiếc cốc, lò vi sóng và một vài nguyên liệu đơn giản. Những bữa ăn này hoàn hảo cho những ai đang tìm kiếm các lựa chọn bữa ăn nhanh chóng và dễ dàng mà vẫn tốt cho sức khỏe và thỏa mãn. Cho dù bạn là sinh viên đại học bận rộn, một người đi làm hay một phụ huynh bận rộn, cuốn sách nấu ăn này là giải pháp hoàn hảo cho nhu cầu bữa ăn của bạn.

BỮA SÁNG VÀ BỮA TRƯA

1. Trứng tráng phô mai trong lò vi sóng

Năng suất: 2 phần ăn

Nguyên liệu

- 3 quả trứng lớn
- ⅓ cốc sốt Mayonnaise
- 2 muỗng canh bơ thực vật
- ½ chén phô mai Cheddar - cắt nhỏ
- Hẹ
- Ô liu đen - xắt nhỏ

Trong tô nhỏ hơn, cho lòng đỏ trứng vào, dùng cùng loại máy đánh trứng đánh lòng đỏ, sốt mayonnaise và 2 thìa canh nước.

Nhẹ nhàng đổ hỗn hợp lòng đỏ lên lòng trắng và gấp cẩn thận.

Đun chảy bơ thực vật trong đĩa bánh 9 inch và xoáy đều để phủ bên trong.

Cẩn thận đổ trứng vào đĩa bánh. Lò vi sóng ở mức trung bình trong 5 đến 7 phút

Rắc phô mai cắt nhỏ lên trứng và cho vào lò vi sóng ở mức trung bình trong 30 giây đến 1 phút.

Rắc ô liu hẹ cắt nhỏ lên, sau đó dùng thìa nhanh chóng chạy xung quanh các thành và đáy đĩa. Gấp một nửa món trứng tráng lên nửa còn lại. Trượt lên đĩa phục vụ.

2. Trứng bác với giăm bông

THÀNH PHẦN:

- Phun xịt nonstick
- ½ chén giăm bông thái lát mỏng
- 3 muỗng canh phô mai Thụy Sĩ cắt nhỏ
- 2 quả trứng
- 1 thìa cà phê mù tạt Dijon
- ⅛ muỗng cà phê muối kosher
- 3 hạt tiêu đen xay
- Hẹ tươi băm nhỏ

HƯỚNG DẪN:

a) Xịt bình xịt nấu ăn vào bên trong cốc 16 ounce.
b) Trong một cái bát, khuấy đều tất cả nguyên liệu và đổ vào cốc.
c) Đậy nắp và cho vào lò vi sóng trong 1 phút rưỡi.
d) Dùng nĩa đánh tan hỗn hợp trứng, sau đó đậy nắp lại và cho vào lò vi sóng thêm khoảng 30 giây.

3. Yến mạch dừa dứa

THÀNH PHẦN:

- 1 cốc nước cốt dừa nhẹ đóng hộp, lắc đều
- ½ chén dứa đông lạnh
- ½ chén yến mạch nấu nhanh
- 1 muỗng canh dừa nạo không đường
- 2 muỗng cà phê si-rô phong
- ⅛ muỗng cà phê muối kosher
- 1 muỗng canh hạt điều thái nhỏ

HƯỚNG DẪN:

a) Khuấy đều nước cốt dừa, dứa, yến mạch, dừa, xi-rô và muối trong tô.

b) Đổ vào cốc 16 ounce.

c) Đậy nắp và cho vào lò vi sóng cho đến khi thành kem, khoảng 3 phút rưỡi.

d) Rắc các loại hạt.

4. Quầy ăn sáng với quinoa

THÀNH PHẦN:

- Phun xịt nonstick
- 2 thìa yến mạch nấu nhanh
- 2 muỗng canh quinoa nấu chín
- 2 muỗng canh quả hồ trăn thái nhỏ
- 2 thìa anh đào khô có đường
- 2 muỗng canh dầu thực vật
- 2 thìa mật ong
- ¼ thìa cà phê muối kosher

HƯỚNG DẪN:

a) Xịt bình xịt nấu ăn vào bên trong cốc 12 ounce.
b) Khuấy đều tất cả các nguyên liệu trong một cái bát, sau đó đổ vào cốc.
c) Đậy nắp và cho vào lò vi sóng cho đến khi yến mạch chín, khoảng 3 phút.
d) Đổ hỗn hợp nóng lên một miếng giấy da, định hình nó thành một thanh truyền thống hình chữ nhật hoặc hẹp.
e) Làm lạnh cho đến khi lạnh và đặc, 30 phút hoặc hơn.

5. Quả mọng & yến mạch

THÀNH PHẦN:

- ¾ cốc nước
- ¾ chén yến mạch nhanh
- ⅓ cốc quả hỗn hợp

HƯỚNG DẪN

a) Đun sôi nước trong lò vi sóng
b) Lấy yến mạch ra, khuấy đều và quay trở lại lò vi sóng trong 1 phút.
c) Bày ra đĩa cùng các loại quả mọng đã trộn.

6. Cá hồi nóng hổi

Làm: 8 phần ăn

THÀNH PHẦN:

- Cá hồi đóng hộp 15½ ounce
- 1 ly nước
- ½ cốc bơ
- 12 giọt nước sốt nóng
- ¼ thìa cà phê muối
- 1 cốc bột mì
- 4 quả trứng
- 2 thìa hẹ, băm nhỏ
- 1 cốc kem chua
- 1 muỗng canh cải ngựa
- 2 thìa nước cốt chanh
- ½ thìa đường
- ¼ thìa cà phê muối
- ¼ thìa cà phê vỏ chanh tươi nạo
- tiêu trắng

HƯỚNG DẪN:

a) Xả cá hồi và loại bỏ da và xương.
b) Kết hợp nước, bơ, nước sốt cay và muối vào chảo.
c) Trên lửa cao, đun sôi hoàn toàn.
d) Thêm tất cả bột mì.
e) Khuấy liên tục trên lửa vừa trong khoảng 3 phút hoặc cho đến khi nước sốt đặc lại và rời khỏi thành chảo.
f) Tắt bếp và đánh lần lượt 4 quả trứng cho đến khi mịn và bóng.
g) Cho hẹ và cá hồi vào.
h) Trộn tất cả mọi thứ cho đến khi nó mịn. Để 15 phút để làm mát.
i) Trong chảo, đun nóng 3 inch dầu đến nhiệt độ 370 độ F.
j) Cẩn thận thả từng muỗng cà phê hỗn hợp cá hồi vào dầu nóng.
k) Chiên trong 3 phút, thỉnh thoảng xoay cho đến khi vàng.
l) Xả trên khăn giấy và sau đó phục vụ.

7. bánh mì nướng pizza

Tạo ra: 2

THÀNH PHẦN:

- 2 lát bánh mì ngũ cốc
- 2 muỗng canh tương cà chua không thêm muối
- ½ cốc phô mai mozzarella
- ¼ chén dứa cắt nhỏ
- 2 lát giăm bông, cắt nhỏ

HƯỚNG DẪN:

a) Xếp 2 lát bánh mì lên giá lưới trên khay tráng men.

b) Nướng ở chế độ Nướng 1 trong 4 phút, lật mặt và nướng thêm 2 phút nữa.

c) Trải bánh mì nướng với bột cà chua và rắc phô mai mozzarella bào lên trên, bên trên là giăm bông và dứa.

d) Nấu trên Combi 1 trong 4 phút hoặc cho đến khi phô mai tan chảy và bắt đầu có màu nâu.

e) Cắt lát và dùng kèm với rau và trái cây cắt nhỏ.

8. Bánh mì nướng kiểu Pháp đôi Berry

- Phun xịt nonstick
- ¼ cốc sữa
- 1 trứng lớn
- 1 muỗng canh. xi-rô cây phong
- ⅛ muỗng cà phê. muối kosher
- ⅛ muỗng cà phê. quế xay
- 1 muỗng cà phê. chiết xuất vani nguyên chất
- 1 cốc bánh sừng bò, brioche hoặc challah cuộn 1 inch
- 1 muỗng canh. mứt mâm xôi
- 10 quả mọng tươi, chẳng hạn như quả mâm xôi, để phục vụ

Xịt bên trong 12 oz. cốc có bình xịt nấu ăn.

Kết hợp sữa, trứng, 1 muỗng cà phê. xi-rô, muối, quế và vani trong một bát nhỏ đến vừa. Đánh đều bằng nĩa. Thêm bánh mì vào và khuấy đều, ngâm trong 2 phút.

Trong khi đó, múc phần bảo quản vào cốc. Đặt các miếng bánh mì đã ngâm lên trên (loại bỏ phần chất lỏng còn lại).

Đậy nắp và cho vào lò vi sóng cho đến khi hỗn hợp lỏng đông lại, khoảng 2 phút (có thể nhìn thấy một ít lòng trắng trứng). Đổ phần xi-rô còn lại và các loại quả mọng lên trên.

9. Bột yến mạch chuối bơ đậu phộng

- ½ cốc sữa
- 1 quả chuối chín nghiền nát (ít ½ cốc)
- ¼ chén yến mạch nấu nhanh
- 1 muỗng canh. bơ đậu phộng kem
- 1 muỗng cà phê. Mật ong
- ½ muỗng cà phê. chiết xuất vani nguyên chất
- ⅛ muỗng cà phê. muối kosher
- ⅛ muỗng cà phê. quế xay

Kết hợp tất cả các thành phần trong một bát nhỏ và trộn đều. Đổ vào 12 oz. cốc.
Đậy nắp và cho vào lò vi sóng cho đến khi yến mạch chín, khoảng 2 phút.

10. Bữa sáng Polenta với quả mọng

- ½ cốc quả hỗn hợp đông lạnh (không rã đông)
- 1 muỗng canh. bảo quản quả mọng (bất kỳ hương vị nào)
- Khoảng ½ ống polenta đã nấu sẵn, cắt thành những viên tròn dày ½ inch
- ¼ cộng ⅛ muỗng cà phê. quế xay
- 1 muỗng canh. sữa
- 1 muỗng cà phê. xi-rô cây phong hoặc mật ong

Trộn các loại quả mọng và bảo quản trong một bát nhỏ.
Đặt một vòng polenta vào thùng 16 oz. cốc và rắc ⅛ muỗng cà phê. của quế. Múc một phần ba hỗn hợp quả mọng lên trên. Lặp lại việc phân lớp thêm hai lần nữa, sử dụng hết polenta, quế và quả mọng. Nhấn các lớp xuống và che lại. Cho vào lò vi sóng cho đến khi nóng, khoảng 4 phút
Rắc với sữa và xi-rô.

11. Bột yến mạch mâm xôivới cây phong

- 1 cốc sữa
- ½ chén yến mạch nấu nhanh
- ½ cốc quả mâm xôi tươi đóng gói
- 2 muỗng canh. xi-rô cây phong
- ¼ muỗng cà phê. quế xay
- ⅛ muỗng cà phê. muối kosher

Trong một bát nhỏ, khuấy đều tất cả nguyên liệu và đổ vào cốc 16 oz. cốc.
Đậy nắp và cho vào lò vi sóng cho đến khi yến mạch chín, khoảng 2 phút.

12. Trứng bác với giăm bông

- Phun xịt nonstick
- ½ chén giăm bông thái lát mỏng hình hạt lựu ¼-inch
- 3 muỗng canh. phô mai Thụy Sĩ cắt nhỏ
- 2 quả trứng lớn
- 1 muỗng cà phê. mù tạt Dijon
- ⅛ muỗng cà phê. muối kosher
- 3 hạt tiêu đen xay
- Hẹ tươi băm nhỏ hoặc lá mùi tây lá dẹt (tùy chọn)

Xịt bên trong 16 oz. cốc có bình xịt nấu ăn.

Trong một bát nhỏ, khuấy đều tất cả nguyên liệu và đổ vào cốc.

Đậy nắp và cho vào lò vi sóng trong 1 phút rưỡi. Dùng nĩa đánh tan hỗn hợp trứng, sau đó đậy nắp lại và cho vào lò vi sóng cho đến khi trứng chín hoàn toàn, khoảng 30 giây nữa.

13. Compote phủ ngũ cốc

- ½ chén đào trắng tươi (khoảng 1 quả đào)
- ½ cốc quả việt quất tươi
- 1 muỗng cà phê. xi-rô cây phong
- ⅛ muỗng cà phê. muối kosher
- ⅛ muỗng cà phê. quế xay
- ½ chén ngũ cốc không đường
- 2 muỗng canh. hạnh nhân slivered

Khuấy đều đào, quả việt quất, xi-rô, muối và quế trong một bát nhỏ đến vừa, sau đó đổ vào bình 16 oz. cốc. 2. Đậy nắp và cho vào lò vi sóng cho đến khi ấm và mềm, khoảng 2 phút.

Rắc ngũ cốc và các loại hạt lên trên. Đậy nắp lại và cho vào lò vi sóng cho đến khi phần trên hơi ấm, khoảng 45 giây nữa.

14. Yến mạch dừa dứa

- 1 cốc nước cốt dừa nhẹ đóng hộp, lắc đều
- ½ chén dứa đông lạnh
- ½ chén yến mạch nấu nhanh
- 1 muỗng canh. dừa nạo không đường
- 2 muỗng cà phê. xi-rô cây phong
- ⅛ muỗng cà phê. muối kosher
- 1 muỗng canh. hạt điều thái nhỏ

Khuấy đều nước cốt dừa, dứa, yến mạch, dừa, xi-rô và muối trong một bát nhỏ đến vừa. Đổ vào 16 oz. cốc.
Đậy nắp và cho vào lò vi sóng cho đến khi thành kem, khoảng 3 phút rưỡi. Rắc các loại hạt.

15. Muffin yến mạch

- Phun xịt nonstick
- ¼ cốc cộng với ½ muỗng cà phê. bột mì trắng nguyên hạt
- 3 muỗng canh. yến mạch nấu nhanh
- ½ muỗng cà phê. bột nở
- ¼ muỗng cà phê. quế xay
- ⅛ muỗng cà phê. muối kosher
- ¼ cốc sữa
- 2 muỗng canh. dầu cây rum
- 1 trứng lớn
- 1 muỗng canh. Mật ong
- ½ muỗng cà phê. chiết xuất vani nguyên chất
- 3 muỗng canh. quả việt quất tươi

Trong một tô nhỏ, dùng nĩa đánh đều ¼ cốc bột mì, yến mạch, bột nở, quế và muối.

Đánh đều sữa, dầu, trứng, mật ong và vani trong một cái bát nhỏ. Đổ nguyên liệu khô vào ướt và trộn đều cho đến khi kết hợp.

Trong một bát nhỏ, trộn các loại quả mọng với ½ muỗng cà phê còn lại. bột và thêm vào bột. Trộn đều cho đến khi kết hợp. Đổ vào cốc.

Đậy nắp và cho vào lò vi sóng cho đến khi vừa chín ở giữa, khoảng 2 phút rưỡi

16. Trứng luộc trên bánh mì nướng

- 1 trứng lớn
- 1 lát bánh mì nguyên cám, nướng
- 1 nhúm muối kosher
- 2 hạt tiêu đen xay
- Hẹ tươi băm nhỏ, bơ cắt lát hoặc cà chua thái hạt lựu nhỏ

Thêm ½ cốc nước vào bình 12 oz. cốc. Nhẹ nhàng đập quả trứng vào nước (nó phải ngập trong nước). Đậy lại bằng một chiếc ramekin hoặc lọ tương đối nặng, dùng được với lò vi sóng, vừa vặn bên trong cốc và đặt lên trên quả trứng, ấn nó xuống

Cho vào lò vi sóng cho đến khi lòng trắng đục hoàn toàn và chín nhưng lòng đỏ vẫn tan chảy, khoảng 1 phút 45 giây

Đặt một chiếc khăn sạch lên quầy. Dùng thìa cẩn thận chuyển trứng luộc vào khăn để ráo nước. Đặt bánh mì nướng lên đĩa và phủ trứng luộc lên trên. Rắc trứng với muối và hạt tiêu rồi rắc hẹ, bơ và cà chua lên trên nếu muốn.

17. gạo lứcvới ngày tháng

- ¾ chén gạo lứt nấu chín (hạt dài hoặc ngắn)
- ¼ cốc sữa
- 3 muỗng canh. nước ép cam tươi
- 1 muỗng canh. cộng thêm 1 muỗng cà phê. chà là thái nhỏ (khoảng 2 quả lớn)
- ¾ muỗng cà phê. vỏ cam tươi ½ muỗng cà phê. xi-rô cây phong
- ⅛ muỗng cà phê. quế xay
- ⅛ muỗng cà phê. thảo quả đất
- ⅛ muỗng cà phê. muối kosher
- 1½ muỗng canh. quả hồ trăn, nướng nhẹ và thái nhỏ

Khuấy đều tất cả nguyên liệu trừ quả hồ trăn trong một bát nhỏ đến vừa và đổ vào bình 16 oz. cốc.

Đậy nắp và cho vào lò vi sóng cho đến khi món ăn nóng, khoảng 2 phút.

Top với quả hồ trăn.

18. <u>Quầy ăn sáng với quinoa</u>

- Phun xịt nonstick
- 2 muỗng canh. yến mạch nấu nhanh
- 2 muỗng canh. quinoa nấu chín
- 2 muỗng canh. quả hồ trăn thái nhỏ
- 2 muỗng canh. anh đào khô ngọt
- 2 muỗng canh. dầu thực vật
- 2 muỗng canh. Mật ong
- ¼ muỗng cà phê. muối kosher

Xịt bên trong 12 oz. cốc có bình xịt nấu ăn. Khuấy đều tất cả nguyên liệu trong một chiếc bát vừa và nhỏ, sau đó đổ vào cốc. Đậy nắp và cho vào lò vi sóng cho đến khi yến mạch chín, khoảng 3 phút. 3. Đổ hỗn hợp nóng lên một miếng giấy da hoặc giấy sáp, tạo hình thành hình chữ nhật hoặc thanh truyền thống hẹp. Làm lạnh cho đến khi lạnh và đặc, 30 phút hoặc hơn.

19. Bánh crepe cá ngừ phô mai

Năng suất: 4 phần ăn

Nguyên liệu

- 4 bánh crepe
- ½ chén cần tây xắt nhỏ
- ¼ chén hành tây xắt nhỏ
- 1 lon (7 3/4 oz) cá ngừ, để ráo nước
- 2 chén bông cải xanh đông lạnh, cắt nhỏ
- 2 cốc phô mai Cheddar cắt nhỏ

Chuẩn bị bánh crepe. Đặt bông cải xanh vào 1½ qt. món hầm an toàn bằng lò vi sóng.

Đậy nắp và cho vào lò vi sóng theo hướng dẫn; làm khô hạn

Khuấy 1 ½ cốc phô mai và các nguyên liệu còn lại. Bật lò vi sóng ở mức cao 1 phút.

Múc từng thìa lên bánh crepe; cuộn lên. Xếp vào đĩa vi sóng hình vuông, 8 x 8 x 2"; rắc phô mai còn lại.

Đậy kín bằng màng bọc thực phẩm và cho vào lò vi sóng ở nhiệt độ cao cho đến khi phô mai tan chảy, từ 2 đến 3 phút⅖ Khẩu phần.

20. Granola vi sóng anh đào

Năng suất: 1 khẩu phần

Nguyên liệu

- 1 cốc đường nâu
- ¼ cốc đường
- ½ cốc bơ thực vật đã được làm mềm
- 2 thìa mật ong
- ½ muỗng cà phê Vani
- 1 quả trứng
- 1 cốc bột mì
- 1 thìa cà phê quế
- ½ thìa cà phê bột nở
- ¼ thìa cà phê muối
- 1½ chén yến mạch nấu nhanh
- 1¼ chén ngũ cốc gạo giòn
- 1 cốc hạnh nhân cắt nhỏ
- 1 cốc nho khô
- ½ cốc mầm lúa mì

Bôi mỡ đĩa nướng an toàn với lò vi sóng 13 x 9 inch. Đánh đường và bơ thực vật cho đến khi mịn

Thêm mật ong, vani và trứng; trộn đều. Trộn bột mì, bột nở và gia vị.

Cuối cùng, khuấy đều các nguyên liệu khô còn lại. Đổ vào món ăn. Lò vi sóng ở mức 6 hoặc 60% trong 7 đến 9 phút hoặc cho đến khi cài đặt

Xoay món ăn cứ sau 3 phút. Các thanh sẽ cứng lại khi chúng đứng.

ĐỒ ĂN NHẸ

21. Bóng rau bina lò vi sóng

Làm: 24 phần ăn

THÀNH PHẦN:

- 10 ounce rau bina, đông lạnh
- ¾ chén phô mai Thụy Sĩ, cắt nhỏ
- 2 muỗng canh phô mai Parmesan, bào
- ¼ chén vụn bánh mì khô
- 1 muỗng canh hành tây, xay
- 1 quả trứng, đánh đập
- ½ thìa muối

HƯỚNG DẪN:

a) Đặt gói rau bina vào lò vi sóng và nấu ở mức Cao trong 4 đến 5 phút hoặc cho đến khi rã đông.
b) Xả, ấn mạnh xuống để chiết càng nhiều chất lỏng càng tốt
c) Trộn đều rau bina với phô mai Thụy Sĩ và Parmesan, vụn bánh mì, hành tây, trứng và muối.
d) Tạo thành những quả bóng có đường kính 1 inch, sử dụng 1½ thìa cà phê hỗn hợp cho mỗi quả bóng.
e) Lò vi sóng ở chế độ Cao trong 2 phút
f) Giảm công suất xuống mức trung bình hoặc một nửa.
g) Cho vào lò vi sóng trong 5 phút hoặc cho đến khi nóng và vừa chín, sắp xếp lại một hoặc hai lần

22. Chó phô mai bọc thịt xông khói

Làm: 4 phần ăn

THÀNH PHẦN:

- 4 xúc xích
- 4 lát thịt xông khói
- 1 lát phô mai Mỹ
- 4 bánh mì xúc xích
- Mù tạc

HƯỚNG DẪN:

a) Đặt thịt xông khói lên giá lò vi sóng. Che lại bằng khăn giấy. Lò vi sóng ở mức Cao trong 3 phút rưỡi hoặc cho đến khi gần xong.

b) Bắt đầu cách cuối ½ inch, rạch từng chiếc xúc xích theo chiều dọc. Cắt phô mai thành 4 dải và đặt vào bánh xúc xích.

c) Quấn thịt xông khói quanh xúc xích và cố định bằng tăm. Xả hết dầu mỡ ra khỏi giá thịt xông khói. Đặt xúc xích lên giá.

d) Che lại bằng khăn giấy.

23. Chuối bọc sôcôla

Làm: 1 phần ăn

THÀNH PHẦN:

- 10 quả chuối táo cứng
- 10 xiên gỗ dẹt
- 1 cốc sô cô la bán ngọt
- 3 muỗng canh Shorten

HƯỚNG DẪN:

a) Gọt vỏ và cắt một đoạn ở đầu mỗi quả chuối; chèn xiên vào đầu cắt. Cho vào ngăn đá tủ lạnh 3 tiếng cho đến khi đông cứng.
b) Ngay trước khi ăn, cho sô cô la và mỡ vào tô.
c) Lò vi sóng ở mức công suất 50% trong 2½-4 phút hoặc cho đến khi hầu hết các miếng đều sáng bóng và mềm mại; trộn đều.
d) Nhúng ngay chuối vào sô-cô-la, đảo đều cho đến khi chuối phủ đều.
e) Sau khi phục vụ, bọc và đông lạnh những quả chuối còn sót lại

24. Cụm hạt trái cây

THÀNH PHẦN:

- 1 cốc vani hoặc khoai tây chiên trắng
- ⅓ cốc quả nam việt quất khô
- ⅓ chén hạt điều muối nguyên hạt

HƯỚNG DẪN:

a) Trong một chiếc bát an toàn với lò vi sóng, làm tan chảy khoai tây chiên; khuấy cho đến khi mịn. Khuấy quả nam việt quất và hạt điều.
b) Nhỏ từng muỗng canh lên khay nướng có lót giấy sáp.
c) Làm lạnh cho đến khi chắc chắn.
d) Lưu trữ trong hộp kín.

25. bánh quy xoắn bướm

THÀNH PHẦN:

- bánh quy nhỏ
- Dán bánh quy xoắn
- 4 màu sắc khác nhau của Candy Melts
- Rắc màu

HƯỚNG DẪN:

a) Kẹo vi sóng trong 1 phút để tan chảy.
b) Nhúng bánh quy xoắn vào màu sắc bạn thích, sau đó sắp xếp chúng lại với nhau trên giấy da để tạo thành hình con bướm hoặc chuồn chuồn.
c) Những chiếc bánh quy que nằm ở giữa với 2 hoặc 4 chiếc bánh quy nhỏ đặt nghiêng ở hai bên.
d) Rắc lên bất kỳ đồ trang trí kẹo vui nhộn nào mà bạn có.
e) Để nguội hoàn toàn cho đến khi rắn. Phục vụ.

26. Sôcôla trái cây

THÀNH PHẦN:

- Túi sô cô la bán ngọt 12 ounce
- 10 quả dâu tây
- 2 quả chuối, gọt vỏ và cắt thành khối
- Que xiên

HƯỚNG DẪN:

a) Lót một tấm nướng bằng giấy sáp.
b) Sôcôla cho vào bát an toàn bằng lò vi sóng ở nhiệt độ thấp trong 4 phút, khuấy sau 1 phút. Tiếp tục cho đến khi sôcôla tan chảy.
c) Nhúng từng trái cây vào sô cô la tan chảy. Đặt trên khay có lót giấy.
d) Xiên thành xiên và để nguội trong 20 phút cho đến khi chín.

27. Khoai tây nướng ngô

THÀNH PHẦN:

- 1 củ khoai tây
- Dầu
- nhúm muối
- 2 thìa phô mai bào
- ⅓ chén ớt chuông thái nhỏ
- 1 muỗng canh hạt ngô
- 2 muỗng canh kem chua, sốt mayonnaise hoặc sữa chua

HƯỚNG DẪN:

a) Chà khoai tây với một ít dầu và muối rồi dùng nĩa đâm khắp khoai tây.
b) Đặt khoai tây vào tô chịu được lò vi sóng và nấu ở nhiệt độ cao trong năm phút cho đến khi khoai tây mềm.
c) Cắt khoai tây thành từng phần tư nhưng không cắt xuyên qua phần vỏ ở phía dưới để khoai tây dính vào nhau.
d) Rắc một ít phô mai xuống dưới rồi cho ớt chuông và ngô vào.
e) Đặt kem chua hoặc sốt mayonnaise lên trên phần phô mai còn lại.

28. Nachos phô mai

THÀNH PHẦN:

- 4 ounce bánh tortilla ngô
- ½ cốc sốt salsa
- 1 chén phô mai cheddar hoặc phô mai jack
- Các loại đồ ăn kèm đầy màu sắc như lá rau bina non, đậu đỏ, hạt ngô, cà chua bi và ớt chuông thái lát

HƯỚNG DẪN:

a) Xếp ngô chip lên đĩa chịu được lò vi sóng.
b) Rải salsa lên các miếng ngô.
c) Sắp xếp rau bina, đậu, ngô, cà chua và ớt.
d) Rắc phô mai lên trên.
e) Cho vào lò vi sóng ở nhiệt độ cao trong 1 phút rưỡi cho đến khi phô mai tan chảy.
f) Ăn kèm với guacamole, kem chua hoặc thêm salsa.

29. Thịt xông khói phô mai dê

Tạo ra: 16

THÀNH PHẦN:

- 6 lát thịt xông khói
- 4 ounce phô mai dê
- 4 ounce kem phô mai
- 2 muỗng canh húng tây hoặc húng quế cắt nhỏ chia
- ¼ thìa cà phê tiêu đen
- ¼ cốc hồ đào

HƯỚNG DẪN:

a) Chiên thịt xông khói trong chảo trên lửa vừa.
b) Gắp ra đĩa có lót giấy thấm dầu cho ráo nước.
c) Vỗ nhẹ các lát để loại bỏ dầu mỡ dư thừa.
d) Trong khi thịt xông khói đang nấu, cho phô mai dê, phô mai kem, 1 thìa rau thơm và hạt tiêu đen vào máy xay thực phẩm.
e) Đánh cho đến khi kem.
f) Đặt các quả bóng lên khay nướng có lót giấy da.
g) Cho vào ngăn đá tủ lạnh 20 phút cho cứng hơn một chút.
h) Làm sạch bộ xử lý thực phẩm. Nghiền nát thịt xông khói đã nguội, thìa rau thơm còn lại và quả hồ đào.
i) Đánh cho đến khi thật nhuyễn và vụn; nó sẽ ngon như máy chế biến thực phẩm của bạn sẽ làm được.
j) Lấy những viên phô mai ra khỏi tủ đông và lăn chúng vào hỗn hợp thịt xông khói, dùng ngón tay ấn vào nếu nó không dính ngay.
k) Đặt các quả bóng vào hộp đựng ở hai bên và để trong tủ lạnh cho đến khi dùng. Phục vụ trên tăm hoặc với bánh quy giòn.

30. Chex bạn bè lầy lội

Năng suất: 9 cốc

Nguyên liệu

- 9 cốc ngũ cốc nhãn hiệu Chex
- 1 cốc sô cô la bán ngọt
- ½ cốc bơ đậu phộng REESE'S
- ¼ cốc bơ thực vật hoặc bơ
- 1 muỗng cà phê chiết xuất vani
- 1½ cốc đường bột C&H (tùy chọn)

Đổ ngũ cốc vào tô lớn; để qua một bên.

Trong tô an toàn với lò vi sóng 1 lít, kết hợp Chocolate Chips của HERSHEY'S, Bơ đậu phộng REESE'S và bơ thực vật. Vi sóng ở mức CAO 1 đến 1½ phút hoặc cho đến khi mịn, khuấy sau 1 phút Khuấy vani.

Đổ hỗn hợp sô cô la lên ngũ cốc, khuấy đều cho đến khi tất cả các miếng được phủ đều. Đổ hỗn hợp ngũ cốc vào túi nhựa lớn có nắp đậy GLAD-LOCK đựng Đường bột C&H. Bịt kín và lắc cho đến khi tất cả các miếng được phủ đều. Trải trên giấy sáp để nguội. >>> Tiếp tục tới tin nhắn tiếp theo

31. Thanh granola với quả mơ

- 2 muỗng canh. yến mạch nấu nhanh
- 2 muỗng canh. quinoa nấu chín
- 2 muỗng canh. mơ khô thái nhỏ
- 1 muỗng canh. hạt điều thái nhỏ
- 1 muỗng canh. dừa vụn không đường2 muỗng canh. dầu thực vật
- 2 muỗng canh. xi-rô cây phong
- ¼ muỗng cà phê. muối kosher

Xịt bên trong 12 oz. cốc có bình xịt nấu ăn. 2. Trong một tô vừa và nhỏ, khuấy đều tất cả nguyên liệu. Đổ hỗn hợp vào cốc.

Đậy nắp và cho vào lò vi sóng cho đến khi yến mạch chín, khoảng 3 phút.

Đổ hỗn hợp nóng lên một mảnh giấy da hoặc giấy sáp, tạo thành hình chữ nhật hoặc thanh hẹp truyền thống. Làm lạnh cho đến khi lạnh và đặc, 30 phút hoặc hơn.

32. Cốc nướng pizza bằng lò vi sóng

Tạo ra: 1

THÀNH PHẦN:

- 4 muỗng canh bột mì đa dụng
- ⅛ muỗng cà phê bột nở
- 1/16 thìa cà phê baking soda
- ⅛ muỗng cà phê muối
- 3 thìa sữa
- 1 muỗng canh dầu ô liu
- 1 muỗng canh nước sốt marinara
- 1 muỗng canh phô mai mozzarella cắt nhỏ
- 5 quả pepperoni nhỏ
- ½ thìa cà phê thảo mộc khô của Ý

HƯỚNG DẪN:

a) Trộn bột mì, bột nở, baking soda và muối vào cốc dùng được trong lò vi sóng.
b) Cho sữa và dầu vào sau đó trộn đều.
c) Múc nước sốt marinara lên và phết lên bề mặt bột.
d) Rắc phô mai, xúc xích pepperoni và các loại thảo mộc khô lên trên
e) Cho vào lò vi sóng trong 1 phút 20 giây hoặc cho đến khi nước nổi lên và lớp trên sủi bọt.

33. Nước chấm phô mai

THÀNH PHẦN:

- 4 ounce kem phô mai
- 1½ chén phô mai cheddar bào
- 1 thìa tương ớt ngọt
- Cà rốt, cần tây, cà chua và dưa chuột thái lát mỏng

HƯỚNG DẪN:

a) Đặt phô mai kem và phô mai bào vào tô chịu được lò vi sóng và nấu ở chế độ "thấp" hoặc "tan chảy" trong một phút.

b) Thêm tương ớt và khuấy kỹ.

c) Ăn kèm với rau để chấm.

34. Hot dog mù tạt mật ong

THÀNH PHẦN:

- 1 chiếc xúc xích, cắt thành 8 lát
- ¼ chén phô mai mozzarella cắt nhỏ
- 2 thìa mù tạt mật ong

HƯỚNG DẪN:

a) Trộn tất cả các thành phần trong cốc 12 ounce.
b) Đậy nắp và nấu cho đến khi xúc xích nóng và phô mai tan chảy trong khoảng 2 phút rưỡi.

SANDWICH VÀ BÁNH

35. Burrito gà và dứa

THÀNH PHẦN:

- ½ chén thịt gà xé nhỏ, bỏ da
- 3 muỗng canh salsa chất lượng cao
- 2 thìa đậu đen đóng hộp, rửa sạch và để ráo nước
- 2 muỗng canh hành đỏ thái nhỏ
- 2 thìa dứa tươi thái hạt lựu
- 2 thìa ớt chuông thái nhỏ
- ¼ thìa cà phê thì là xay
- ¼ thìa cà phê muối kosher
- bánh tortilla lúa mì 6 inch

HƯỚNG DẪN:

a) Trong một cái bát, trộn tất cả nguyên liệu trừ bánh tortilla.
b) Đổ vào cốc 12 ounce.
c) Đậy nắp và cho vào lò vi sóng cho đến khi hành mềm, khoảng 2 phút.
d) Đặt bánh tortilla lên đĩa và phủ khăn bếp sạch lên trên.
e) Cho vào lò vi sóng cho đến khi ấm, khoảng 20 giây
f) Múc nhân vào bánh tortilla và cuộn lại.

36. đậu nành bọc

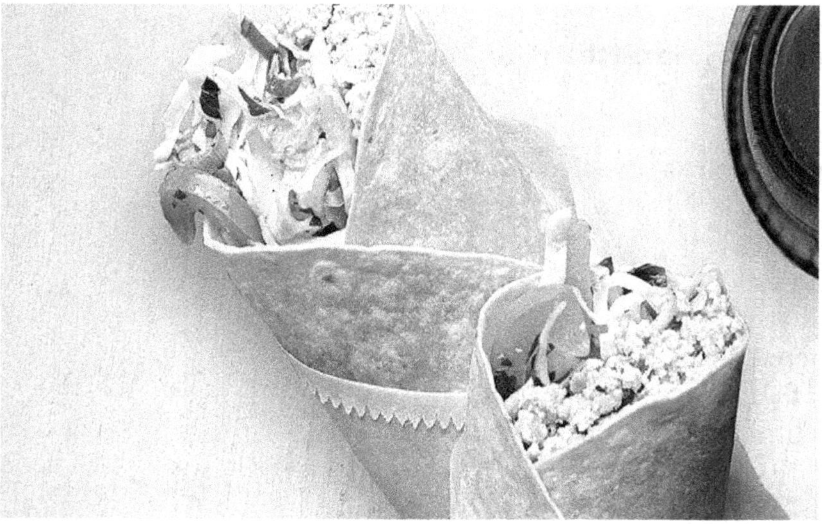

THÀNH PHẦN:

- 6 muỗng canh Edamame hummus
- 2 bánh bột mì
- ½ chén cà rốt và bắp cải thái nhỏ
- 1 chén rau bina tươi
- 6 lát cà chua
- 2 muỗng canh nước sốt salad nữ thần xanh

HƯỚNG DẪN:

a) Rải hummus lên từng chiếc bánh tortilla.
b) Lớp với bắp cải và cà rốt, rau bina và cà chua.
c) Mưa phùn với mặc quần áo.
d) Cuộn lại thật chặt.
e) Làm ấm trong lò vi sóng trong 2 phút.

37. bánh mì dưa cải bắp

THÀNH PHẦN:

- 4 lát bánh mì Pháp dày
- 1 thìa bơ
- 4 lát bologna
- 4 lát xúc xích
- lon dưa cải bắp 16 ounce
- 1 cốc phô mai Mozzarella, cắt nhỏ

HƯỚNG DẪN:

a) Phết bơ lên bánh mì Pháp và thêm một lát xúc xích bologna và xúc xích Ý.

b) Thêm dưa cải bắp và phô mai.

c) Đặt lên đĩa an toàn với lò vi sóng và cho vào lò vi sóng trong 3 phút hoặc cho đến khi ấm.

38. Bánh burger chay kiểu Mexico

- ½ chén đậu pinto đóng hộp, rửa sạch và để ráo nước
- ¼ chén vụn bánh mì nguyên hạt
- ¼ cốc sốt salsa
- ¼ cốc cà rốt nghiền mịn
- 1 muỗng canh. hành lá thái mỏng
- ½ quả bơ, thái lát
- Bánh hamburger, để phục vụ (tùy chọn)

Trong một tô vừa, nghiền đậu pinto, vụn bánh mì, salsa, cà rốt và hành lá bằng máy nghiền khoai tây. Dùng tay nặn thành một quả bóng và đặt vào bình 16 oz. cốc.

Đậy nắp và cho vào lò vi sóng cho đến khi hành lá mềm và bánh mì kẹp thịt nóng, khoảng 2 phút. Top với những lát bơ. Nếu bạn thích, hãy phục vụ kèm bánh hamburger.

39. Hamburger nướng phô mai

THÀNH PHẦN:

- 1 chiếc bánh hamburger, chia đôi
- 1 muỗng cà phê mù tạt vàng deli, chia
- ¼ chén phô mai Cheddar cắt nhỏ, chia thành từng phần
- 1 thìa sữa

HƯỚNG DẪN:

a) Chia mù tạt vào giữa hai nửa bánh, dàn đều.

b) Đặt một nửa chiếc bánh vào cốc 12 ounce, mặt mù tạt hướng lên trên.

c) Phủ một nửa phô mai lên trên.

d) Đặt nửa chiếc bánh còn lại lên trên, mặt mù tạt hướng lên trên.

e) Phủ phô mai còn lại lên trên, sau đó đổ sữa lên trên.

f) Đậy nắp và cho vào lò vi sóng cho đến khi phô mai tan chảy, khoảng 3 phút.

MÓN CHÍNH LÒ VI SÓNG

40. Cốc TexMex soong

Năng suất: 4 phần ăn

Nguyên liệu

- 1 pound thịt bò xay
- 1 củ hành vừa, xắt nhỏ
- ½ (1 25 oz.) hỗn hợp gia vị taco phong bì
- ½ (15 đến 16 oz.) lọ salsa
- ¼ cốc kem chua
- 1½ cốc bánh Tortilla hoặc ngô chiên
- ¼ cốc Cheddar bào

Trong tô vừa, trộn thịt bò xay, hành tây và hỗn hợp gia vị taco; nấu, đậy nắp ở nhiệt độ cao trong 4 đến 6 phút cho đến khi thịt bò không còn màu hồng, khuấy một nửa trong khi nấu.

Khuấy salsa và kem chua. 2. Trong nồi thịt hầm 1,5 lít, xếp một nửa hỗn hợp thịt, tất cả bánh tortilla, sau đó là hỗn hợp thịt còn lại.

Nấu, đậy nắp, từ 1 đến 2 phút, cho đến khi nóng

Khám phá; rắc phô mai. Nấu trong 1 đến 2 phút cho đến khi phô mai tan chảy. Gợi ý phục vụ: phủ lên trên bất kỳ món taco yêu thích nào: rau diếp cắt nhỏ, cà chua cắt nhỏ, lát bơ.

41. Thịt viên cay Hàn Quốc

THÀNH PHẦN:

- 2 muỗng canh sốt gochujang Hàn Quốc
- ½ muỗng cà phê gừng tươi băm nhỏ
- ½ thìa nước cốt chanh tươi
- ½ muỗng cà phê nước tương ít natri
- ½ thìa mật ong
- 4 viên thịt viên đông lạnh đã nấu sẵn

HƯỚNG DẪN:

a) Trộn đều nước sốt gochujang, gừng, nước cốt chanh, nước tương và mật ong trong cốc 12 ounce.
b) Thêm thịt viên và khuấy đều để kết hợp.
c) Đậy nắp và cho vào lò vi sóng cho đến khi nóng giữa viên thịt, khoảng 4 phút.

42. Thịt viên Parmesan

THÀNH PHẦN:

- ¼ cốc cộng với 2 muỗng canh nước sốt marinara
- 3 muỗng canh phô mai mozzarella thái nhỏ
- 1 muỗng canh phô mai Parmigiano-Reggiano bào mịn
- 4 viên thịt viên đông lạnh đã nấu sẵn
- 1 cuộn hoagie, tách đôi và nướng

HƯỚNG DẪN:

a) Trong một cái bát, trộn nước sốt marinara, cả hai loại phô mai và thịt viên rồi đổ vào cốc 12 ounce.

b) Đậy nắp và cho vào lò vi sóng cho đến khi nóng giữa viên thịt, khoảng 4 phút.

c) Đổ lên bánh mì.

43. gà nướng

THÀNH PHẦN:

- 4 ức gà
- ½ chén nước sốt thịt nướng
- ¼ cốc phô mai cheddar
- 3 muỗng canh thịt xông khói

HƯỚNG DẪN:

a) Đặt ức gà vào đĩa vi sóng.
b) Đổ nước sốt lên trên.
c) Nấu trong lò vi sóng trong 5 phút.
d) Rắc phô mai cheddar và thịt xông khói.
e) Nấu trong lò vi sóng thêm 3 phút nữa.

44. Bánh mì thịt xoài thứ hai

THÀNH PHẦN:

- 1 pound thịt bò nạc xay
- 1 chén xoài cắt nhỏ
- 1 chén vụn bánh mì
- 1 quả trứng
- 1 củ hành tây, nạo
- Muối và hạt tiêu cho vừa ăn

HƯỚNG DẪN:

a) Cho tất cả nguyên liệu vào tô và trộn đều bằng tay.
b) Tạo thành một ổ bánh mì và đặt vào chảo bánh thủy tinh.
c) Đậy lại bằng giấy sáp an toàn với lò vi sóng và nấu trong lò vi sóng trong 18 phút.

45. Chả nấm bằng lò vi sóng

THÀNH PHẦN:

- ¼ chén bột bắp
- 2½ chén nước dùng thịt bò
- lọ nấm thái lát 6 ounce
- 4 muỗng cà phê sốt Worcestershire
- 1 thìa cà phê húng quế khô
- 1 quả trứng
- ½ chén vụn bánh mì
- 1 củ hành tây, nạo
- ½ thìa cà phê muối nêm
- ¼ thìa cà phê tiêu
- 1 ½ pound thịt bò xay

HƯỚNG DẪN:

a) Trộn bột ngô và nước luộc thịt bò trong đĩa hầm an toàn với lò vi sóng.
b) Khuấy nấm, sốt Worcestershire và húng quế.
c) Trong một bát riêng, trộn và trộn trứng, vụn bánh mì, hành tây, muối và hạt tiêu.
d) Thêm thịt bò xay vào hỗn hợp vụn bánh mì.
e) Trộn cho đến khi bạn có thể tạo thành 6 miếng chả và cho vào đĩa thịt hầm an toàn với lò vi sóng.
f) Cho miếng chả vào lò vi sóng ở nhiệt độ cao trong 7 phút hoặc cho đến khi miếng chả chín hẳn.
g) Đang nấu được nửa chừng thì lật miếng chả lại.

46. Lasagna trong cốc

THÀNH PHẦN:

- 2 tờ mì lasagna, sẵn sàng phục vụ
- 6 ounce nước
- 1 muỗng cà phê dầu ô liu hoặc bình xịt nấu ăn
- 3 thìa nước sốt pizza
- 4 thìa phô mai Ricotta hoặc phô mai tươi
- 3 thìa rau bina
- 1 muỗng canh phô mai Cheddar
- 2 thìa xúc xích nấu chín

HƯỚNG DẪN:

a) Bẻ các tấm lasagna và đặt chúng đúng cách vào trong cốc.
b) Xịt bằng dầu ô liu, tránh dính.
c) Phủ lasagna bằng nước.
d) Nấu trong lò vi sóng trong 4 phút hoặc cho đến khi mì ống trông mềm.
e) Loại bỏ nước và đặt mì ống sang một bên.
f) Trong cùng một cốc, thêm nước sốt pizza và một ít mì ống vào cốc.
g) Thêm rau bina, ricotta và xúc xích thành từng lớp.
h) Rắc phô mai cheddar lên trên.
i) Tiếp tục các lớp lại bắt đầu với mì ống.
j) Đặt vào lò vi sóng và đậy bằng nắp an toàn cho lò vi sóng.
k) Nấu trong lò vi sóng trong 3 phút.
l) Để nguội trong 2 phút và thưởng thức.

47. Mì sốt pesto

THÀNH PHẦN:

- 225g mì khô xoắn
- 1 cốc phô mai bào
- 6 quả cà chua bi, giảm một nửa

SỐT LÁ HÚNG

- 1 bó húng quế tươi
- ¼ chén hạt thông
- ½ cốc phô mai parmesan mới bào
- 40ml dầu ô liu nguyên chất
- Chút muối

HƯỚNG DẪN:

a) Để nấu mì ống, cho 225g mì ống xoắn vào tô vi sóng.

b) Đổ hơn 1L nước sôi. Thêm 15ml dầu và màu thực phẩm rồi đậy nắp lại.

c) Nấu 1000W trong 8-10 phút khuấy nửa chừng. Ngoài ra, bạn có thể sử dụng mì ống nấu chín còn sót lại.

d) Trong khi chờ đợi, để làm món pesto, hãy kết hợp tất cả nguyên liệu trong máy xay thực phẩm. Xử lý cho đến khi bạn có được một hỗn hợp sệt. Đóng băng bất kỳ pesto còn sót lại.

e) Trong một đĩa thủy tinh nông, hình vuông, an toàn với lò vi sóng, trộn mì ống đã nấu chín và ¼ cốc pesto, rắc lên ½ cốc phô mai bào và cà chua bi.

f) Sử dụng chức năng vi sóng để nấu trong 4 phút hoặc cho đến khi phô mai tan chảy.

g) Lấy ra khỏi lò vi sóng và để nguội một chút trước khi dùng với một số loại rau và trái cây cắt nhỏ.

48. <u>Gà sốt</u>

THÀNH PHẦN:

- 1 muỗng canh dầu ô liu
- 2 muỗng canh nước tương giảm muối
- 1 muỗng canh xi-rô cây phong nguyên chất
- ¼ cốc mật ong
- 750g đùi gà

HƯỚNG DẪN:

a) Trộn dầu ô liu, nước tương, xi-rô cây thích và mật ong để làm nước xốt.

b) Đặt gà vào đĩa thủy tinh nông chịu được lò vi sóng và rưới nước xốt lên.

c) Trộn đều và nếu có thời gian để trong tủ lạnh ít nhất 1 giờ.

d) Đặt đĩa thủy tinh lên khay tráng men và nấu trong 30 phút, quay ở mốc 15 phút để có được độ dính màu nâu vàng.

e) Lấy ra khỏi lò vi sóng và để nguội một chút trước khi dùng với một số loại rau và trái cây cắt nhỏ.

49. Cơm chiên trứng trong cốc

Làm: 1 khẩu phần

THÀNH PHẦN:

- 1 chén gạo thơm nấu chín
- 2 thìa đậu Hà Lan đông lạnh
- 2 muỗng canh ớt đỏ xắt nhỏ
- ½ cọng hành lá, thái lát
- 1 nhúm giá đỗ xanh
- 1 nhúm bắp cải tím thái nhỏ
- 1 quả trứng
- 1 muỗng canh nước tương ít natri
- ½ muỗng cà phê dầu mè
- ½ thìa cà phê bột hành
- ¼ thìa cà phê bột ngũ vị hương

HƯỚNG DẪN:

a) Đặt cơm vào cốc.
b) Xếp đậu Hà Lan, ớt đỏ, hành lá, giá đỗ xanh và bắp cải lên trên.
c) Đậy cốc bằng màng dính.
d) Dùng dao chọc thủng các lỗ trên màng.
e) Lò vi sóng ở mức cao nhất trong 1 phút 15 giây.
f) Trong lúc đó, đánh trứng và trộn với nước tương, dầu mè, bột hành và bột ngũ vị hương.
g) Đổ hỗn hợp trứng vào cốc rồi khuấy đều với rau và cơm
h) Đậy cốc bằng màng dính một lần nữa và cho vào lò vi sóng trong 1 phút 15 giây đến 1 phút 30 giây.
i) Lấy cốc ra khỏi lò vi sóng và khuấy đều mọi thứ.
j) Để cơm rang trong một phút để nấu xong.
k) Dùng nĩa xới cơm lên và thưởng thức.

50. Parmesan gà

Năng suất: 4 phần ăn

Nguyên liệu

- 4 Nửa ức gà, bỏ da, bỏ xương
- 1 quả trứng
- ½ cốc phô mai Parmesan bào
- ⅓ cốc vụn bánh mì khô, tẩm gia vị
- Lá oregano, ớt bột, muối
- 1 củ hành lớn, thái nhỏ
- 1 tép tỏi, băm nhỏ
- 1 (15 oz.) cà chua đóng hộp
- ½ chén ô liu, bỏ hạt, chín, thái lát
- ⅓ chén lá húng quế
- 3 thìa bơ

Trong đĩa bánh, đun nóng 2 thìa bơ ở tốc độ cao trong 45 giây hoặc cho đến khi tan chảy. Hơi nguội; đánh vào trứng. Trên giấy sáp, trộn phô mai Parmesan, vụn bánh mì, lá oregano và ớt bột. Nhúng cốt lết vào hỗn hợp bơ, sau đó phủ một lớp vụn bánh mì. Trong đĩa nướng 9x13 inch, nấu các miếng cốt lết, phủ giấy sáp, ở nhiệt độ cao từ 6 đến 8 phút, sắp xếp lại giữa chừng khi nấu. Để yên 5 phút.

Trong khi đó, trong tô 1½ lít, nấu hành, tỏi và 1 thìa bơ ở tốc độ cao trong 4 phút, khuấy một lần. Thêm cà chua với ½ cốc nước cà chua, ô liu, húng quế và muối. Nấu ở nhiệt độ cao từ 2 đến 3 phút.

51. Thịt nguội và táo nướng

Năng suất: 6 phần ăn

Nguyên liệu

- 3 chén giăm bông; nấu chín và thái hạt lựu
- 3 mỗi quả Táo nấu ăn
- ½ cốc đường nâu; đóng gói chắc chắn
- 2 thìa bột mì đa dụng
- 2 thìa nước cốt chanh
- 1 muỗng canh mù tạt đã chuẩn bị
- 1 muỗng cà phê vỏ cam bào
- 1 muỗng canh mùi tây; cắt nhỏ, tươi

Kết hợp 7 thành phần đầu tiên; trộn đều. Múc hỗn hợp vào nồi 2 lít và bọc bằng màng bọc thực phẩm chịu lực

Lò vi sóng ở mức CAO trong 7 đến 9 phút hoặc cho đến khi táo mềm, khuấy hỗn hợp sau 4 phút. Rắc rau mùi tây lên trên.

52. Đậu có sự khác biệt

Năng suất: 1 khẩu phần

Nguyên liệu

- 2 chén đậu xanh nấu chín
- 2 thìa kem chua
- 2 thìa kem phô mai
- ¼ muỗng cà phê bột cà ri
- 2 củ hành lá (hoặc hẹ)
- ¼ thìa cà phê muối

Trộn tất cả nguyên liệu lại với nhau trừ đậu. Đặt trong một bình thủy tinh. Đun nóng ở mức CAO 30-40 giây. Đổ đậu lên trên, trộn vào nếu muốn.

Nếu nấu theo cách thông thường, hãy đun ở lửa rất thấp.

53. Bò Bourguignonne

Năng suất: 8 phần ăn

Nguyên liệu

- 2 pound thịt bò không xương
- ¼ chén bột mì đa dụng chưa tẩy trắng
- 1⅓ cốc cà rốt thái lát
- 14½ ounce cà chua
- 1 Med. lá nguyệt quế
- 1 phong bì súp trộn
- ½ chén rượu vang đỏ
- 8 ounce nấm
- 8 ounce mì trứng vừa hoặc rộng

Trong nồi 2 lít, trộn thịt bò với bột mì, sau đó nướng không đậy nắp trong 20 phút. Thêm cà rốt, cà chua và lá nguyệt quế, sau đó thêm súp hành tây thịt bò trộn với rượu. Nướng, đậy nắp, 1 tiếng rưỡi hoặc cho đến khi thịt bò mềm. Thêm nấm và nướng thêm 10 phút nữa. Loại bỏ lá nguyệt quế.

Trong khi đó, nấu mì theo hướng dẫn trên bao bì.

54. Đậu mắt đen trong lò vi sóng

Năng suất: 4 phần ăn

Nguyên liệu

- 1 gói (10 oz) đậu Hà Lan đông lạnh
- ¼ cốc nước
- Thịt xông khói nhỏ giọt; bơ hoặc giăm bông

Đặt tất cả nguyên liệu vào nồi hầm 1 lít. Nướng trong lò vi sóng 10-11 phút.

55. Gà nhồi bông cải xanh

Năng suất: 4 phần ăn

Nguyên liệu

- 1 gói bông cải xanh xắt nhỏ đông lạnh; kêu
- 2 củ hành lá; băm nhỏ
- 4 ounce phô mai Monterey Jack
- 3 ức gà nguyên con lớn
- 3 lát (1 Oz.) giăm bông nấu chín; cắt một nửa
- 1 cốc vụn bánh mì tươi
- 1 muỗng canh mùi tây
- ½ thìa cà phê ớt bột
- 3 thìa bơ thực vật; tan chảy
- 1 thìa bột mì
- ¼ thìa cà phê muối
- ⅛ muỗng cà phê Tiêu
- 1 cốc sữa

Đập từng ức gà thành ¼ inch và phủ lên trên mỗi miếng 1 miếng giăm bông và một lượng hỗn hợp bông cải xanh bằng nhau.

Trong đĩa bánh hoặc trên giấy sáp, trộn vụn bánh mì, mùi tây và ớt bột.

Quét gà với bơ thực vật, dùng khoảng 1 thìa canh. Phủ gà với vụn bánh mì dày dặn.

Trong đĩa nướng 9x13 inch, đặt gà. Nấu phủ nhẹ bằng giấy sáp ở công suất cao 100% trong 10 đến 12 phút.

Múc nước sốt quanh gà

56. Cải Brussels với hạnh nhân

Năng suất: 4 phần ăn

Nguyên liệu

- 1 pound Cải Brussels đông lạnh
- 3 thìa hạnh nhân cắt nhỏ
- ¼ cốc bơ
- 2 thìa nước cốt chanh tươi
- Muối và tiêu
- 1 thìa nước cốt chanh
- ½ muỗng cà phê vỏ chanh bào vụn
- 1 nhúm hạt tiêu

Cho mầm đông lạnh vào đĩa hầm với ¼ cốc nước. Đậy nắp và cho vào lò vi sóng ở mức CAO trong 10 phút.

Trải hạnh nhân cắt lát ra đĩa và cho vào lò vi sóng trong 3 đến 4 phút ở chế độ CAO, quay một hoặc hai lần trong khi nấu cho đến khi có màu vàng nâu.

Cho bơ vào tô và làm tan chảy trong lò vi sóng trong 1-½ phút ở mức CAO. Thêm nước cốt chanh. Nêm với muối và hạt tiêu.

Xả sạch mầm. Cho vào đĩa rau và đổ bơ chanh lên trên; khuấy đều. Rắc hạnh nhân thái lát lên và dùng nóng.

57. Gà với nấm

Năng suất: 5 phần ăn

Nguyên liệu

- 3 thìa bột mì đa dụng
- ½ thìa muối
- ¼ thìa cà phê Tiêu
- 4 Ức gà có da không xương
- 2 muỗng canh bơ không muối, chia
- 1 muỗng canh dầu thực vật
- 6 ounce Nấm tươi, thái lát
- ¼ cốc rượu Marsala
- ¼ chén nước dùng thịt bò
- 2 thìa cà phê bột bắp

Trộn bột mì, muối và hạt tiêu trên một tờ giấy sáp. Nhúng gà vào hỗn hợp bột cho ngấm đều. Đun nóng 1 thìa bơ và dầu thực vật trong chảo lớn, nặng trên lửa vừa phải. Thêm thịt gà và nâu ở cả hai mặt.

Xào nấm và thêm rượu Marsala.

Đặt gà vào đĩa nướng vi sóng. Đổ hỗn hợp nấm-rượu lên trên. Nấu trong 6 đến 8 phút

Trộn đều nước dùng và bột ngô trong một bát nhỏ cho đến khi mịn. Khuấy chất lỏng vào đĩa nướng. Microcook, không đậy nắp, ở mức công suất 100% trong 2 đến 3 phút

58. lò vi sóng couscous

Năng suất: 1 khẩu phần

Nguyên liệu

- 1 cốc couscous
- ¼ thìa cà phê hạt tiêu - tùy chọn
- 1 muỗng canh dầu ô liu
- 1½ cốc nước
- ¼ thìa cà phê Tiêu - mới xay

Kết hợp couscous và dầu trong nồi chịu được lò vi sóng 2 lít và khuấy cho đến khi tất cả các loại ngũ cốc được phủ đều. Điều này ngăn cản chúng dính vào nhau. Khuấy hạt tiêu và hạt tiêu, nếu muốn.

Lò vi sóng, không đậy nắp trong vòng i phút

Khuấy đều. Đổ nước vào và khuấy đều.

Lò vi sóng, không đậy nắp, ở mức cao nhất cho đến khi nước thấm và ngũ cốc mềm, từ 2 đến 3 phút

59. Sườn cừu cam việt quất

Năng suất: 4 phần ăn

Nguyên liệu

- 4 miếng thăn cừu, cắt
- 1-1/2 inch
- Nước sốt đặc
- ½ chén hành tây xắt nhỏ
- 1 cốc nước cam
- 1 cốc quả nam việt quất tươi hoặc đông lạnh
- ½ cốc đường
- 1 thìa bột mì
- 1 muỗng canh mù tạt Dijon
- 1 muỗng cà phê vỏ cam bào
- ½ thìa cà phê hạt tiêu

Trong đĩa tròn nông 9", đặt thịt cừu; phết nước sốt nâu và phủ hành tây lên trên. Nấu ở mức công suất trung bình cao 70% trong lò vi sóng trong 12 phút, quay một lần. Để ráo nước. Đặt nguyên liệu còn lại vào cốc đong thủy tinh lớn. Nấu ở công suất cao trong lò vi sóng trong 6 phút hoặc cho đến khi sôi, khuấy hai lần. Đổ nước sốt lên thịt cừu. Có thể đông lạnh vào thời điểm này

Nấu ăn; nấu ở công suất trung bình cao trong 5 phút

60. Bún đậu phộng ấm

- Phun xịt nonstick
- 2 muỗng canh. bơ đậu phộng kem
- 1 muỗng canh. giấm gạo không gia vị
- 1 muỗng cà phê. dầu mè
- 1 muỗng cà phê. nước tương ít natri
- 1 muỗng cà phê. Mật ong
- 2 muỗng cà phê. hành lá thái mỏng
- ⅛ muỗng cà phê. gừng tươi nạo
- 1½ cốc fettuccini làm từ lúa mì nguyên hạt nấu chín hoặc linguini
- 1 muỗng canh. đậu phộng rang, thái nhỏ

Xịt bên trong 12 oz. cốc có bình xịt nấu ăn.

Thêm bơ đậu phộng, giấm, dầu, nước tương, mật ong, một nửa số hành lá và gừng vào cốc và khuấy đều.

Đậy nắp và cho vào lò vi sóng cho đến khi mịn, khoảng 30 giây; khuấy. Khuấy mì, đậy nắp và cho vào lò vi sóng cho đến khi ấm, khoảng một phút nữa.

Top với hành lá và đậu phộng còn lại.

61. Polenta Lasagna

- Phun xịt nonstick
- 1 chén nước sốt marinara chất lượng cao
- Khoảng ½ ống polenta nấu sẵn, cắt thành ba viên tròn dày ½ inch
- 3 muỗng canh. cộng thêm 1 muỗng cà phê. phô mai mozzarella cắt nhỏ

Xịt bên trong 16 oz. cốc có bình xịt nấu ăn.

Thêm ¼ cốc nước sốt vào đáy cốc, sau đó thêm một khoanh polenta, sau đó thêm 1 muỗng canh. của pho mát. Lặp lại lớp hai lần nữa. Thêm ¼ chén nước sốt còn lại, sau đó thêm 1 muỗng cà phê còn lại. của phô mai.

Đậy nắp và nấu cho đến khi nóng, khoảng 3 phút.

62. Joe cẩu thả với thịt lợn

- 1 chén thịt lợn xay nấu chín
- 3 muỗng canh. sốt cà chua
- 2 muỗng canh. hành lá thái mỏng
- 1 muỗng canh. mù tạt vàng
- ⅛ muỗng cà phê. muối kosher
- 1 bánh mì kẹp thịt làm từ lúa mì nguyên hạt, nướng

Trong một bát nhỏ, khuấy đều thịt lợn, sốt cà chua, hành lá, mù tạt và muối; đổ vào 16 oz. cốc.
Đậy nắp và cho vào lò vi sóng cho đến khi nóng, khoảng 2 phút.
Múc một thìa vào nửa dưới của chiếc bánh mì nướng, sau đó phủ lên trên.

63. Gà "Potpie"

- ½ chén thịt gà quay hoặc thịt gà quay cắt nhỏ (bỏ da)
- ½ chén rau trộn đông lạnh (chẳng hạn như đậu Hà Lan và cà rốt), rã đông và để ráo nước
- 2 muỗng canh. phô mai Cheddar cắt nhỏ
- 3 muỗng canh. sữa
- 1 muỗng canh. thì là tươi thái nhỏ
- ¼ muỗng cà phê. muối kosher
- 4 hạt tiêu đen xay
- ½ bánh quy còn nguyên hoặc vỡ vụn
- ⅛ muỗng cà phê. ớt cựa gà

Trong một bát nhỏ, khuấy đều thịt gà, rau, phô mai, 2 muỗng canh. sữa, thì là, muối và hạt tiêu. Đổ vào 16 oz. cốc và đóng gói xuống. Phủ bánh quy lên trên, sau đó rưới 1 muỗng canh còn lại. sữa và rắc ớt bột.

Đậy nắp và cho vào lò vi sóng cho đến khi "potpie" nóng, khoảng 3 phút.

64. Gà và Spaghetti

- Phun xịt nonstick
- ½ chén thịt gà quay hoặc thịt gà quay cắt nhỏ (bỏ da)
- ½ chén mì spaghetti nguyên hạt nấu chín
- ¼ chén nước sốt marinara
- ¼ chén phô mai mozzarella cắt nhỏ
- ¼ muỗng cà phê. lá oregano khô
- ⅛ muỗng cà phê. muối kosher

Xịt bên trong 12 oz. cốc có bình xịt nấu ăn.
Trong một bát nhỏ, khuấy đều tất cả nguyên liệu rồi đổ vào cốc.
Đậy nắp và cho vào lò vi sóng cho đến khi nóng, khoảng 2 phút.

65. Mì ống với Cheddar

- ¼ cốc sữa, lý tưởng nhất là 2% hoặc nguyên chất
- ½ chén phô mai Cheddar cắt nhỏ
- 1 muỗng canh. Bơ không muối
- ⅛ muỗng cà phê. muối kosher
- 1 cốc mì ống làm từ lúa mì nguyên cám nấu chín

Trong 12 oz. cốc, cho sữa vào lò vi sóng cho đến khi nóng, khoảng 30 giây. Ngay lập tức khuấy phô mai, bơ và muối cho đến khi tương đối mịn. Khuấy mì ống.

Đậy nắp và cho vào lò vi sóng cho đến khi phô mai tan chảy và mì ống còn ấm, từ 2 đến 3 phút. Khuấy lại.

66. Bún cá ngừ hầm

- ½ chén mì ống làm từ lúa mì nguyên hạt nấu chín
- 3 muỗng canh. phô mai Cheddar hoặc Thụy Sĩ cắt nhỏ
- 3 muỗng canh. sữa
- 2 muỗng canh. hành lá thái mỏng
- ½ muỗng cà phê. mù tạt Dijon
- ⅛ muỗng cà phê. muối kosher
- 3 hạt tiêu đen xay
- 1 muỗng canh. vụn bánh mì nguyên cám
- 1 muỗng cà phê. dầu ô liu

Trong một bát nhỏ, khuấy đều cá ngừ, mì ống, phô mai, sữa, hành lá, mù tạt, muối và tiêu, dùng nĩa chia nhỏ cá ngừ. Đổ vào 12 oz. cốc.

Đậy nắp và cho vào lò vi sóng cho đến khi phô mai tan chảy, khoảng 2 phút.

Trong một bát nhỏ, trộn đều vụn bánh mì và dầu. Rắc lên trên.

67. Pastitsio

- Phun xịt nonstick
- ¾ chén mì ống làm từ lúa mì nguyên cám nấu chín
- ½ chén thịt bò xay nấu chín
- ¼ cốc phô mai mozzarella cắt nhỏ
- 3 muỗng canh. bột cà chua
- 2 muỗng canh. canh gà
- ⅛ muỗng cà phê. húng tây phơi khô
- ⅛ muỗng cà phê. quế xay
- Đống ⅛ muỗng cà phê. muối kosher
- 3 hạt tiêu đen xay

Xịt bên trong 16 oz. cốc có bình xịt nấu ăn.

Trong một bát nhỏ, khuấy đều tất cả nguyên liệu và đổ vào cốc.

Đậy nắp và cho vào lò vi sóng cho đến khi phô mai tan chảy, khoảng 2 phút.

68. Thịt lợn với ngô và hành lá

- 1 chén thịt lợn xay nấu chín
- ½ chén hạt ngô tươi hoặc đông lạnh, rã đông và để ráo nước
- 2 muỗng canh. bột cà chua
- 1 muỗng canh. cộng thêm 1 muỗng cà phê. hành lá thái mỏng
- 1 muỗng cà phê. nước cốt chanh tươi
- ¼ muỗng cà phê. muối kosher
- ⅛ muỗng cà phê. thì là xay
- ⅛ muỗng cà phê. bột ớt
- 3 hạt tiêu đen xay

Trong một bát nhỏ, khuấy đều tất cả nguyên liệu và đổ vào cốc 16 oz. cốc.

Đậy nắp và cho vào lò vi sóng cho đến khi ngô mềm, khoảng 2 phút rưỡi.

69. Thịt viên cay Hàn Quốc

- 2 muỗng canh. sốt gochujang hàn quốc
- ½ muỗng cà phê. gừng tươi băm nhỏ
- ½ muỗng cà phê. nước cốt chanh tươi
- ½ muỗng cà phê. nước tương ít natri
- ½ muỗng cà phê. Mật ong
- 4 viên thịt đông lạnh đã nấu sẵn (không rã đông)

Trộn đều nước sốt gochujang, gừng, nước cốt chanh, nước tương và mật ong trong bình 12 oz. cốc. Thêm thịt viên và khuấy đều để kết hợp.

Đậy nắp và cho vào lò vi sóng cho đến khi nóng giữa viên thịt, từ 3 đến 4 phút.

70. Thịt viên Parmesan

- ¼ cốc cộng thêm 2 muỗng canh. sốt marinara
- 3 muỗng canh. phô mai mozzarella cắt nhỏ
- 1 muỗng canh. phô mai Parmigiano-Reggiano bào mịn
- 4 viên thịt đông lạnh đã nấu sẵn (không rã đông)
- 1 cuộn hoagie, bẻ đôi và nướng, hoặc 1 lát bánh mì Ý nướng, chẳng hạn như ciabatta, để phục vụ

Trong một bát nhỏ đến vừa, trộn nước sốt marinara, cả pho mát và thịt viên rồi đổ vào 12 oz. cốc.

Đậy nắp và cho vào lò vi sóng cho đến khi nóng giữa viên thịt, từ 3 đến 4 phút. Đổ lên bánh mì.

71. Đậu hủ cay Trung Quốc

- ½ chén rau xào đông lạnh (không rã đông)
- ¼ chén nước luộc rau
- ½ cốc đậu phụ cứng hình khối ½ inch, để ráo nước
- 1 muỗng canh. cộng thêm 1 muỗng cà phê. nước tương ít natri
- ½ muỗng cà phê. Tương ớt cay
- ½ muỗng cà phê. nước cốt chanh tươi
- ½ muỗng cà phê. Mật ong
- ½ chén cơm nấu chín để phục vụ

Đặt rau và 2 muỗng canh. nước dùng trong 12 oz. cốc, đậy nắp và cho vào lò vi sóng cho đến khi rau nóng, từ 3 đến 4 phút. 2. Nhẹ nhàng khuấy đều phần nước dùng còn lại, đậu phụ, nước tương, Sriracha, nước cốt chanh và mật ong.

Đậy nắp lại và cho vào lò vi sóng cho đến khi đậu phụ nóng, khoảng 1 phút rưỡi nữa. Ăn kèm cơm.

72. Quinoa Mexico với ngô

- ¾ chén quinoa nấu chín
- ¼ cốc cà chua chín bỏ lõi, bỏ hạt và thái hạt lựu (khoảng ½ quả cà chua)
- ¼ chén bông cải xanh sống ⅓-inch
- ¼ chén hạt ngô sống (từ 1 bắp ngô nhỏ)
- 2 muỗng canh. điệu Salsa
- 2 muỗng canh. hỗn hợp phô mai Mexico bào
- ⅛ muỗng cà phê. muối kosher
- 1 muỗng canh. lá ngò tươi thái nhỏ

Trong một bát vừa và nhỏ, khuấy đều tất cả nguyên liệu rồi đổ vào bình 16 oz. cốc.

Đậy nắp và cho vào lò vi sóng cho đến khi bông cải xanh mềm, khoảng 4 phút.

Súp, món hầm và ớt

73. soup phô mai súp lơ

THÀNH PHẦN:

- 10 ounce mỗi kg. Bông cải xanh đông lạnh
- 2 cốc sữa
- ⅓ Cốc bột mì
- 1 ly nước
- 2 cốc phô mai Velveeta cắt thành khối
- 1 cốc rưỡi
- 2 viên nước luộc gà

HƯỚNG DẪN:

a) Trộn sữa, bột mì, nước, viên nước luộc gà và nửa rưỡi vào đĩa dùng được trong lò vi sóng.

b) Đánh cùng nhau. Cho bông cải xanh vào và nấu trong lò vi sóng trong vài phút, khuấy thường xuyên.

c) Khuấy phô mai và nấu cho đến khi phô mai tan chảy và bông cải xanh mềm.

74. <u>Súp bí đỏ cam</u>

- ½ chén bí ngô đóng hộp hoặc bí nghiền nhuyễn
- ½ chén nước luộc rau hoặc gà có hàm lượng natri thấp
- ¼ chén đậu trắng đóng hộp, rửa sạch và để ráo nước
- 1 muỗng canh. nước cam
- ¾ muỗng cà phê. xi-rô cây phong hoặc mật ong
- ¼ muỗng cà phê. lá xô thơm tươi băm nhỏ
- ½ muỗng cà phê. vỏ cam
- ⅛ muỗng cà phê. muối kosher
- 3 hạt tiêu đen xay

Khuấy đều tất cả các nguyên liệu trong một chiếc bát vừa và nhỏ, sau đó đổ vào bình 16 oz. cốc.

Đậy nắp và cho vào lò vi sóng cho đến khi nóng, khoảng 3 phút.

75. Súp đậu lăng cay kiểu Ý

- ¾ chén nước luộc rau
- ¾ cốc đậu lăng ít natri đóng hộp, rửa sạch và để ráo nước
- ¼ cốc cà rốt nghiền mịn
- 1 muỗng canh. bột cà chua
- ¼ muỗng cà phê. lá oregano khô
- ¼ muỗng cà phê. muối kosher
- 1⁄8 muỗng cà phê. mảnh ớt đỏ nghiền nát
- 3 hạt tiêu đen xay

Trong một bát nhỏ, khuấy đều tất cả nguyên liệu và nghiền bằng máy nghiền khoai tây. Đổ vào 12 oz. cốc.

Đậy nắp và cho vào lò vi sóng cho đến khi súp nóng, khoảng 3 phút.

76. Súp miso

- 1 chén nước luộc rau hoặc gà
- Một miếng rong biển kombu khô dài 4 inch, bẻ làm đôi
- 1 muỗng canh. mảnh cá ngừ khô (cá ngừ khô)
- ¼ cốc đậu hũ cứng hình hạt lựu ¼-inch
- 2 muỗng cà phê. miso trắng hoặc vàng
- 1 muỗng cà phê. hành lá thái mỏng (chỉ phần xanh đậm)

Kết hợp nước dùng, Kombu và cá ngừ trong 16 oz. cốc.

Đậy nắp và cho vào lò vi sóng cho đến khi thật nóng, khoảng 2 phút rưỡi.

Đổ vào một cái lưới lọc mịn đặt trên một cái bát nhỏ, sau đó cẩn thận đổ nước dùng đã lọc lại vào cốc.

Cho đậu phụ, miso và hành lá vào cốc nước dùng; đánh cho đến khi miso tan.

77. Thịt bò và đậu ớt

- ½ chén đậu đen hoặc đậu pinto đóng hộp, rửa sạch và để ráo nước
- ½ cốc (khoảng 3 oz) thịt bò xay nấu chín
- ½ cốc salsa chất lượng cao
- 1 muỗng cà phê. hành lá thái mỏng
- ¼ muỗng cà phê. muối kosher
- 1 muỗng cà phê. lá ngò tươi thái nhỏ
- Khoảng 6 miếng bánh tortilla
- 1 muỗng cà phê. guacamole, để phục vụ
- 1 muỗng cà phê. kem chua, để phục vụ

Trong một bát nhỏ, khuấy đều đậu, thịt bò xay, salsa, hành lá và muối rồi đổ vào bình 12 oz. cốc.

Đậy nắp và cho vào lò vi sóng cho đến khi nóng, khoảng 2 phút.

3. Rắc rau mùi và nhét chip xung quanh các cạnh.

Ăn kèm với guacamole và kem chua.

78. Mỳ ống, đậu & cà chua hầm

- ½ chén nước luộc gà
- ¼ chén mì ống làm từ lúa mì nguyên hạt nấu chín
- ¼ chén lá cải xoăn tươi thái lát rất mỏng (bỏ cuống)
- ¼ chén đậu đen đóng hộp, rửa sạch và để ráo nước
- 3 muỗng canh. sốt marinara
- 1 muỗng canh. phô mai Parmigiano-Reggiano hoặc Parmesan bào mịn

Trong một bát nhỏ, khuấy đều nước dùng, mì ống, cải xoăn, đậu và sốt marinara. Đổ vào 16 oz. cốc và phủ phô mai lên trên.

Đậy nắp và cho vào lò vi sóng cho đến khi cải xoăn mềm, khoảng 3 phút.

79. Bí ngô và đậu xanh hầm

- ¾ cốc nước luộc rau có hàm lượng natri thấp
- ½ chén bí ngô đóng hộp hoặc bí nghiền nhuyễn
- ½ chén đậu xanh đóng hộp, rửa sạch và để ráo nước
- ¼ chén lá rau bina tươi, rửa sạch và lau khô
- 1 muỗng cà phê. Mật ong
- ⅛ muỗng cà phê. thì là xay
- ⅛ muỗng cà phê. rau mùi đất
- ⅛ muỗng cà phê. quế xay
- ⅛ muỗng cà phê. muối kosher
- Bánh mì đồng quê nướng để phục vụ

Kết hợp nước kho, bí ngô hoặc bí, đậu xanh, rau bina, mật ong, thì là, rau mùi, quế và muối vào một cái bát nhỏ, sau đó đổ vào bình 16 oz. cốc.

Đậy nắp và cho vào lò vi sóng cho đến khi nóng và rau bina chín trong khoảng 2 đến 3 phút. Ăn kèm với bánh mì.

80. Súp Tortellini

Tạo ra: 4

THÀNH PHẦN:

- 1 củ cà rốt, gọt vỏ và xay nhuyễn
- 1 củ hành tây, nạo
- 2 tép tỏi, băm nhỏ
- 2 muỗng canh dầu ô liu
- Cà chua thái hạt lựu lon 15 ounce không thêm muối
- 15 ounce đậu xanh có hàm lượng natri thấp, để ráo nước
- 3 chén nước luộc gà giảm natri
- 1 gói tortellini ba loại phô mai để lạnh 9 ounce
- 1 muỗng cà phê hỗn hợp thảo mộc khô của Ý
- 2 chén rau bina tươi đóng gói nhẹ
- Phô mai Parmesan bào để phục vụ

HƯỚNG DẪN:

a) Kết hợp cà rốt, hành tây, tỏi và dầu ô liu trong 3 qt. bát an toàn với lò vi sóng.
b) Lò vi sóng, không đậy nắp, ở nhiệt độ cao trong 3 phút.
c) Khuấy nước luộc gà, cà chua, đậu xanh, bánh tortellini và hỗn hợp thảo mộc Ý.
d) Đậy chặt bát bằng nắp thủy tinh hoặc màng bọc thực phẩm và nấu ở nhiệt độ cao trong 8 phút.
e) Lấy bát ra khỏi lò vi sóng, cẩn thận mở nắp và cho rau bina vào trộn đều.
f) Để yên trong 1 hoặc 2 phút để rau bina héo.
g) Ăn kèm với phô mai Parmesan nếu muốn.

SALAD VÀ MÓN ĐÓN

81. Bí đao với hạt thông

THÀNH PHẦN:

- 2 muỗng canh bơ không muối
- 2 muỗng canh đường nâu
- 1 thìa cà phê cây xô thơm
- 2 quả bí đao, thái lát
- 2 muỗng canh hạt thông nướng hoặc hạnh nhân
- muối và hạt tiêu đen cho vừa ăn

HƯỚNG DẪN:

a) Đun chảy bơ trong đĩa thịt hầm an toàn với lò vi sóng.
b) Khuấy đường nâu và cây xô thơm vào bơ cho đến khi kết hợp tốt.
c) Thêm nêm bí.
d) Nướng trong lò vi sóng khoảng 5-10 phút cho đến khi bí mềm.
e) Rắc hạt.

82. Đậu xanh hấp

THÀNH PHẦN:

- 1 pound đậu xanh tươi, cắt nhỏ
- 1 ly nước
- 1 thìa cà phê muối
- ½ thìa cà phê tiêu

HƯỚNG DẪN:

a) Trong đĩa thịt hầm an toàn với lò vi sóng, thêm nước và đậu xanh.
b) Nấu trong 15-18 phút hoặc cho đến khi mềm.
c) Đổ đậu xanh ra nước rồi nêm muối, tiêu.

83. Bông cải xanh trong lò vi sóng

THÀNH PHẦN:

- 1 pound bông cải xanh
- 1 thìa cà phê vỏ chanh, bào mịn
- ¼ thìa cà phê muối
- ¼ thìa cà phê tiêu

HƯỚNG DẪN:

a) Cắt bông cải xanh thành từng bông hoa và cho vào đĩa thịt hầm an toàn với lò vi sóng.
b) Thêm ¼ cốc nước và nấu trong lò vi sóng trong 3-5 phút.
c) Xả nước ra khỏi bông cải xanh và nêm chanh, muối và hạt tiêu.
d) Rắc bông cải xanh với ½ cốc phô mai cheddar cắt nhỏ.
e) Cho vào lò vi sóng trong 2 phút cho đến khi phô mai tan chảy.

84. Khoai tây cà ri

Năng suất: 4 phần ăn

Nguyên liệu

- 2 pound khoai tây sáp
- 3½ ounce hành tím; Thái nhỏ
- 3½ ounce thịt xông khói dạng sọc hun khói; thái hạt lựu
- Muối và tiêu
- ⅔ cốc sữa
- 1½ muỗng cà phê bột cà ri
- 3 ounce phô mai Parmesan; nạo

Gọt vỏ khoai tây và rửa sạch dưới nhiều nước lạnh. Vỉ lò sưởi

Cho hẹ tây và thịt xông khói vào đĩa Pyrex hình bầu dục. Lò vi sóng, không đậy nắp, ở chế độ Cao trong 3 phút

Rắc hỗn hợp với muối và hạt tiêu rồi thêm khoai tây.

Khuấy đều và đổ sữa vào. Đậy nắp và cho vào lò vi sóng ở nhiệt độ cao trong 12 phút. Để yên trong 3 phút.

Trộn bột cà ri và phô mai Parmesan rồi rắc lên hỗn hợp khoai tây. Lò vi sóng, không đậy nắp, ở chế độ Cao trong 2 phút

85. Khoai tây phô mai hành tây

THÀNH PHẦN:

- 10 ¾-ounces kem súp cần tây
- Gói 8 ounce phô mai kem hẹ và hành tây
- 2 chén khoai tây đông lạnh
- ½ chén phô mai cheddar, cắt nhỏ

HƯỚNG DẪN:

a) Trong đĩa thịt hầm an toàn với lò vi sóng, khuấy đều súp và phô mai kem.
b) Cho vào lò vi sóng trong 2 phút hoặc cho đến khi phô mai kem tan chảy vào súp.
c) Gấp khoai tây vào và trộn đều cho đến khi phủ đều.
d) Nướng trong lò vi sóng 10 phút hoặc cho đến khi khoai tây mềm.
e) Rắc phô mai cheddar và nấu thêm 2 phút nữa cho đến khi phô mai tan chảy.

86. Salad quinoa với pesto

- ¾ chén quinoa nấu chín
- ¼ cốc cà chua chín bỏ lõi, bỏ hạt và thái hạt lựu (khoảng ½)
- ¼ cốc hoa súp lơ thô ⅓-inch
- 2 muỗng canh. sốt lá húng
- 2 muỗng canh. phô mai mozzarella bào

Trong một bát vừa và nhỏ, khuấy đều tất cả nguyên liệu rồi đổ vào bình 16 oz. cốc.

Đậy nắp và cho vào lò vi sóng cho đến khi súp lơ mềm, khoảng 4 phút.

87. Salad gạo lứt Trung Quốc

- 1 muỗng canh. hành lá thái mỏng
- 2 muỗng cà phê. giấm gạo không gia vị
- 2 muỗng cà phê. nước tương ít natri
- 1 muỗng cà phê. Mật ong
- ⅛ muỗng cà phê. tỏi băm
- ⅛ muỗng cà phê. gừng tươi nạo
- ½ chén gạo lứt đã nấu chín, loại hạt ngắn hoặc dài
- ⅓ cốc Edamame đông lạnh đóng gói, rã đông
- 2 muỗng canh. cà rốt gọt vỏ bào mịn
- 2 muỗng canh. ớt chuông đỏ thái hạt lựu nhỏ

Trong một bát nhỏ, trộn đều hành lá, giấm gạo, nước tương, mật ong, tỏi và gừng, sau đó cho các nguyên liệu còn lại vào. Đổ vào 12 oz. cốc.

Đậy nắp và cho vào lò vi sóng cho đến khi ấm, khoảng 1 phút.

MÓN TRÁNG MIỆNG LÒ VI SÓNG

88. chuối Brazil

Làm: 1 phần ăn

THÀNH PHẦN:

- 1 quả chuối
- Đường tinh luyện

HƯỚNG DẪN:

a) Cắt chuối thành lát mỏng.
b) Xếp các lát lên đĩa dùng được trong lò vi sóng và rắc đường.
c) Cho vào lò vi sóng cho đến khi đường tan và chuối chín.
d) Phục vụ ấm áp.

89. Bánh funfetti dành cho trẻ em

Làm: 12 phần ăn

THÀNH PHẦN:

- 1 gói Hỗn hợp bánh vàng ẩm
- 1 gói hỗn hợp bánh pudding ăn liền vani
- 4 quả trứng
- 1 ly nước
- ½ cốc dầu Crisco
- 1 cốc sô cô la nhỏ bán ngọt
- 1 cốc kẹo dẻo mini có màu
- ⅔ cốc kem phủ bánh lớp sô cô la
- 2 muỗng canh sô-cô-la chip nhỏ ngọt vừa phải

HƯỚNG DẪN:

a) Làm nóng lò ở nhiệt độ 350 độ F.
b) Bơ và bột mì trong chảo nướng 13x9x2 inch.

ĐỂ LÀM BÁNH

c) Đánh đều hỗn hợp bánh, hỗn hợp bánh pudding, trứng, nước và dầu bằng máy trộn điện
d) Khuấy sô-cô-la chip siêu nhỏ rồi đổ mọi thứ vào chảo.
e) Nướng trong 45 phút ở 350 độ F.

ĐỐI VỚI TOPPING

f) Rắc đều kẹo dẻo lên bánh nóng ngay. Đổ đầy kem phủ vào một nửa chiếc bát an toàn với lò vi sóng.
g) Lò vi sóng trong 25-30 giây ở mức CAO.
h) Khuấy đều cho đến khi hỗn hợp mịn hoàn toàn.
i) Rưới đều lên kẹo dẻo và bánh.
j) Thêm 2 thìa socola chip lên trên.
k) Cho phép làm mát hoàn toàn.

90. bánh hạnh nhân bằng lò vi sóng

Làm: 16 phần ăn

THÀNH PHẦN:

- 4 ounce bơ hoặc bơ thực vật
- 1 cốc đường cát
- 2 quả trứng
- 1 muỗng cà phê chiết xuất vani
- ½ cốc bột cacao không đường
- ⅔ cốc bột mì
- 1 cốc hồ đào; băm nhỏ
- Đường mịn

HƯỚNG DẪN:

a) Trong một cái bát, đánh bơ, đường, trứng và vani bằng máy trộn điện cho đến khi mịn và nhẹ, từ 1 đến 2 phút.
b) Đánh trong ca cao. Thêm bột và đánh cho đến khi trộn đều. Bằng tay khuấy đều hồ đào. Trải đều trong đĩa thủy tinh vuông 8 inch có lót giấy sáp.
c) Nấu trong lò vi sóng ở mức Cao trong 3 phút.
d) Xoay món ăn một phần tư vòng và nấu lâu hơn từ 2½ đến 3 phút. Để nguội.
e) Rây đường bột lên trên.

91. Nhẫn táo quế

Làm: 6 phần ăn

THÀNH PHẦN:

- 3 muỗng canh bơ hoặc bơ thực vật
- 2 thìa nước cốt chanh
- 2 thìa mật ong
- ¼ muỗng cà phê quế xay
- 4 quả táo nấu ăn; gọt vỏ, bỏ lõi và cắt thành vòng

HƯỚNG DẪN:

a) Đặt bơ vào đĩa nướng.
b) Lò vi sóng ở mức CAO trong 50 giây hoặc cho đến khi bơ tan chảy.
c) Khuấy nước cốt chanh, mật ong và quế.
d) Đặt các lát táo vào hỗn hợp bơ, phết đều lên cả hai mặt.
e) Che bằng bọc nhựa nặng.
f) Lò vi sóng ở mức CAO trong 5 đến 6 phút hoặc cho đến khi táo mềm, lật món sau 2 phút.
g) Hãy đứng 2 phút trước khi phục vụ.

92. Đường đá cắn

Tạo ra: 24

THÀNH PHẦN:

- 350g sôcôla chip
- 30g bơ
- 397g sữa đặc có đường
- 365g đậu phộng rang khô
- 500g kẹo dẻo trắng, cắt nhỏ

HƯỚNG DẪN:

a) Lót giấy thấm mỡ vào hộp thiếc 9x13 inch.

b) Trong một chiếc bát an toàn với lò vi sóng, cho sô cô la và bơ vào lò vi sóng cho đến khi tan chảy.

c) Thỉnh thoảng khuấy đều cho đến khi sôcôla mịn. Khuấy sữa đặc.

d) Kết hợp đậu phộng và kẹo dẻo; khuấy vào hỗn hợp sô cô la.

e) Đổ vào khuôn đã chuẩn bị sẵn và để nguội cho đến khi cứng lại. Cắt thành hình vuông.

93. Kẹo nướng táo bất ngờ

THÀNH PHẦN:

- 4 quả táo đỏ ngon, bỏ lõi và gọt vỏ
- ⅓ từ trên xuống 16 viên kẹo nóng đỏ
- 8 viên kẹo dẻo thu nhỏ

HƯỚNG DẪN:

a) Thêm táo vào đĩa thịt hầm an toàn với lò vi sóng.
b) Đặt một viên kẹo, sau đó là kẹo dẻo vào giữa mỗi quả táo.
c) Đậy đĩa bằng màng bọc thực phẩm hoặc giấy sáp.
d) Lò vi sóng trong 7 phút.
e) Thêm một lớp kẹo và kẹo dẻo nữa.
f) Đậy nắp và nấu lại trong 5 phút.

94. Táo giòn thơm ngon

THÀNH PHẦN:

- 1 lon nhân bánh táo
- 2 muỗng canh đường nâu
- ¼ chén yến mạch nấu ăn liền
- 2 thìa bơ
- ½ muỗng cà phê quế
- ¼ cốc hỗn hợp Bisquick
- Giấy sáp không thấm nước

HƯỚNG DẪN:

a) Đổ nửa cốc nhân bánh vào mỗi đĩa.

b) Trong một bát riêng, trộn Bisquick, yến mạch nấu ăn, quế, bơ và đường nâu, khuấy đều bằng thìa hoặc nĩa cho đến khi thành khối.

c) Rải đều hỗn hợp này vào giữa các bát nhân táo.

d) Để hỗn hợp giòn này ở trên những quả táo.

e) Đậy bát bằng giấy sáp và đun nóng từng bát riêng lẻ trong lò vi sóng trong 4 phút.

f) Nghỉ ngơi trong 10 phút để thiết lập và nguội trước khi phục vụ.

95. Bánh sô cô la nhỏ

THÀNH PHẦN:

- 4 muỗng canh bột mì đa dụng
- 4 muỗng canh đường
- 2 thìa cacao không đường
- 1 quả trứng
- 3 muỗng canh sữa
- 3 muỗng canh dầu thực vật
- một ít sô-cô-la chip

HƯỚNG DẪN:

a) Xịt bình xịt nấu ăn vào cốc an toàn với lò vi sóng.
b) Thêm bột mì, đường và ca cao vào cốc cà phê. Pha trộn tốt.
c) Thêm sữa, dầu và 1 quả trứng. Rắc sô-cô-la chip lên trên.
d) Nhẹ nhàng khuấy cho đến khi kết hợp tốt.
e) Cho vào lò vi sóng và nấu trong 3 phút
f) Ăn kèm với một muỗng kem và rắc sô-cô-la chip.

96. Bánh cốc sô cô la đôi

THÀNH PHẦN:

- 2 muỗng canh dầu cộng thêm một chút
- 2 thìa đường
- 1 quả trứng
- 2 thìa bột mì tự nở
- 1 thìa cà phê ca cao
- 2 thìa sô-cô-la chip và thêm một ít để phục vụ
- Kem hoặc kem và đường bột để phục vụ

HƯỚNG DẪN:

a) Bôi một ít dầu vào cốc chịu được lò vi sóng.
b) Đập quả trứng vào cốc.
c) Thêm dầu và đường.
d) Trộn bằng nĩa cho đến khi mịn.
e) Thêm bột mì và cacao vào rồi trộn lại cho đến khi mịn.
f) Đặt sô-cô-la chip vào cốc lên trên hỗn hợp.
g) Lò vi sóng ở mức cao nhất trong một phút.
h) Hãy quan sát chiếc bánh của bạn nổi lên trên miệng cốc.
i) Cẩn thận lấy ra khỏi lò.
j) Rắc một ít đường bột, kem và một ít sô-cô-la chip lên trên để thưởng thức.

97. Bánh quy đường

THÀNH PHẦN:

- 2 muỗng canh trứng thay thế
- 2 muỗng canh bơ, làm mềm
- ⅓ chén bột mì
- 3 muỗng canh đường
- 1 thìa cà phê vani
- 3 thìa rưỡi hoặc sữa
- 2 muỗng canh rắc cầu vồng
- 1 chén đường bột
- 2-3 giọt màu thực phẩm màu hồng hoặc đỏ

HƯỚNG DẪN:

a) Trong một cái bát, khuấy đều chất thay thế trứng, bơ, bột mì, đường, vani, 2 muỗng canh nửa rưỡi và 1 muỗng canh rắc cầu vồng.

b) Đặt vào một cốc bổ sung.

c) Cho vào lò vi sóng trong 60 giây, lau sạch phần bột nổi bong bóng trên mép, sau đó quay trở lại lò vi sóng thêm 30 giây.

d) Lấy bánh ra và cho vào tủ lạnh.

e) Trong khi chờ nguội, khuấy đều đường bột, 1 thìa canh rưỡi và màu thực phẩm.

f) Rưới lên một chiếc bánh hơi ấm.

98. Bánh nướng xốp kiểu Anh bí ngô

Làm cho: 1 PHỤC VỤ

THÀNH PHẦN:

- ¼ chén bột điều hoặc bột hạnh nhân
- 1 muỗng canh bột dừa
- ¼ muỗng cà phê baking soda
- ¼ thìa cà phê gia vị làm bánh bí ngô
- nhúm muối kosher
- 1 quả trứng
- 2 muỗng canh bí ngô xay nhuyễn
- 2 thìa sữa hạnh nhân không đường

HƯỚNG DẪN:

a) Trộn bột mì, baking soda, gia vị và muối vào tô.
b) Thêm trứng, bí ngô và sữa vào và khuấy đều cho đến khi kết hợp tốt.
c) Bôi mỡ ramekin bằng bình xịt nướng bánh.
d) Chuyển bột vào ramekin, làm mịn mặt trên và cho vào lò vi sóng trong khoảng 2 phút cho đến khi phồng lên và phần giữa đã cứng lại.
e) Lấy ramekin ra, cắt đôi và nướng.

99. Bánh quy Cheddar và thảo mộc

Tạo ra: 1

THÀNH PHẦN:

- 4 muỗng canh bột mì đa dụng
- ½ muỗng cà phê bột nở
- ⅛ muỗng cà phê muối
- ½ muỗng canh bơ lạnh
- 3½ thìa sữa
- 2 muỗng canh phô mai cheddar, bào
- 2 thìa cà phê rau thơm cắt nhỏ

HƯỚNG DẪN:

a) Trong cốc dùng được cho lò vi sóng, trộn bột mì, bột nở và muối.

b) Dùng nĩa chà bơ thành khối vào nguyên liệu khô.

c) Khuấy sữa, phô mai và các loại thảo mộc cho đến khi hỗn hợp của bạn tạo thành bột nhão.

d) Cho vào lò vi sóng khoảng 1 phút.

100. Bánh Spaghetti

Làm: 4 phần ăn

THÀNH PHẦN:

- 8 ounce xúc xích Ý nhẹ hoặc nóng
- 2 chén nấm thái lát
- 1 củ hành tây, xắt nhỏ
- 1 tép tỏi, thái nhỏ
- 1½ muỗng cà phê lá oregano khô
- 2 chén sốt mì cà chua
- 2 chén bông cải xanh
- 3 cốc spaghetti nấu chín hoặc mì ống sợi khác/6oz chưa nấu chín
- 1½ cốc phô mai mozzarella cắt nhỏ một phần

HƯỚNG DẪN:

a) Làm nóng lò ở nhiệt độ 350 độ F.
b) Nấu thịt xúc xích trong chảo trên lửa vừa cao trong 4 phút, dùng thìa gỗ bẻ nhỏ hoặc cho đến khi không còn màu hồng.
c) Lọc chất lỏng qua rây để loại bỏ chất béo. Bắc nồi lên bếp.
d) Khuấy nấm, hành tây, tỏi và lá oregano trong 3 phút hoặc cho đến khi rau mềm. Đậy nắp và nấu trong 10 phút với sốt cà chua
e) Rửa sạch bông cải xanh và cho vào đĩa hầm có nắp đậy.
f) Lò vi sóng trong 2 đến 212 phút ở nhiệt độ cao hoặc cho đến khi có màu xanh tươi và gần như mềm. Xả sạch sau khi rửa bằng nước lạnh.
g) Trên đĩa bánh, xếp lớp spaghetti. Rưới nước sốt thịt bò xuống đáy chảo, sau đó cho bông cải xanh và phô mai lên trên.
h) Nướng khoảng 25 đến 30 phút, hoặc cho đến khi phô mai tan chảy.

PHẦN KẾT LUẬN

Tóm lại, Sách dạy nấu ăn bằng lò vi sóng là thứ cần phải có đối với những ai muốn đơn giản hóa thói quen nấu nướng của mình mà không làm mất đi hương vị và dinh dưỡng. Với nhiều công thức nấu ăn để lựa chọn, bạn sẽ không bao giờ thiếu ý tưởng cho những bữa ăn nhanh chóng và dễ dàng. Từ bữa sáng đến bữa tối, đồ ăn nhẹ và thậm chí cả món tráng miệng, cuốn sách nấu ăn này đều có thứ gì đó dành cho tất cả mọi người.

Vì vậy, hãy lấy những món ăn an toàn với lò vi sóng của bạn và bắt tay vào nấu nướng! Với một chút sáng tạo và sử dụng nguyên liệu phù hợp, bạn có thể chế biến những bữa ăn lành mạnh và ngon miệng ngay lập tức. Chúng tôi hy vọng bạn thích thử những công thức này và khám phá nhiều lợi ích của việc nấu ăn bằng lò vi sóng. Nấu ăn vui vẻ!

www.ingramcontent.com/pod-product-compliance
Lightning Source LLC
LaVergne TN
LVHW010928061026
849535LV00007B/2284